AF573479

# DE LA MÉTHODE

# D'IRRIGATION

## DES PRÉS DES VOSGES;

PAR M.-A. PUVIS,

Ancien Député, Correspondant de l'Institut, Président de la Société royale d'Émulation de l'Ain, Membre honoraire des Sociétés agraires de Turin, Genève, Correspondant de celles de Paris, Lyon, etc.

BOURG,
IMPRIMERIE DE MILLIET-BOTTIER.

1846.

# DE LA MÉTHODE D'IRRIGATION

## DES PRÉS DES VOSGES.

Dans le cours d'une assez longue carrière agricole, l'irrigation des prés nous a spécialement occupé : cette opération bien conduite peut, avec de bonnes eaux, doubler, quadrupler les produits de la terre; c'est en quelque sorte une création qui est au pouvoir de l'homme et qui lui donne une haute satisfaction lorsque le succès la couronne.

La réaction de cet accroissement de produits est toute puissante sur les bestiaux que l'homme nourrit, élève et engraisse, sur le fumier qu'ils donnent, et par conséquent sur tout l'ensemble de la production agricole; l'amélioration des prairies, surtout quand elle peut s'appliquer à de grandes étendues, arrive donc jusqu'à être une question d'économie sociale d'une haute importance. Nous avons sur ce sujet beaucoup pratiqué, beaucoup vu, en cherchant toujours et partout, à rencontrer le mieux tant pratique que théorique. Il y a trente ans à peu près que nous trouvâmes, dans un ouvrage traduit de l'anglais, la première mention de l'irrigation des prés par planches bombées; ce moyen nous parut ingénieux; il devait porter évidemment sur nos prairies humides la même amélioration qu'il détermine sur nos champs argileux, où nous l'employons de temps immémorial : nous avions donc conçu le projet de l'appliquer à nos prés, projet dont d'autres travaux avaient toujours différé l'exécution; cependant nous regrettions de le voir connu et répandu en Angleterre, sans qu'il le fût en France, quand il y a dix ans, dans un voyage dans les Vosges, nous l'avons trouvé pratiqué en grand avec succès, dans la plaine comme dans la montagne : à notre retour nous nous empressâmes donc de l'appliquer à un hectare de pré qui en reçut une très-notable amélioration.

Depuis lors, nous avons appris qu'on l'appliquait en Italie, à une grande partie des prés du Lodésan, et dans le Milanais, plus particulièrement aux prés *Marcite;* nous avons fait venir un ouvrage italien qui décrivait cette méthode, et nous avons obtenu par l'intermédiaire de la Société d'agriculture des Vosges, tous les mémoires publiés sur ce sujet. Nous nous sommes alors remis à l'œuvre avec plus de succès que la première fois, et dans le désir de répandre cette utile méthode, nous avons publié, à l'aide de notre expérience et de celle des autres, une première notice sur l'exécution et la mise en œuvre de ce système d'irrigation.

Mais cette méthode est aussi répandue en Allemagne; elle s'y étend même rapidement et elle y excite, par les résultats qu'elle produit, le même désir d'imitation qui nous anime. Le roi de Prusse et l'empereur de Russie ont fait venir à grands frais des chefs d'ateliers des provinces d'Allemagne où elle est le plus répandue, pour la transplanter dans leurs états. M. Nivière, dans le voyage d'exploration agricole qu'il a fait dans ce pays, l'a trouvée spécialement appliquée aux marais, aux terrains tourbeux; on les a ainsi assainis et convertis en prés qui produisent un foin abondant et de bonne qualité : c'est sans doute là un bien grand résultat, où l'on rencontre à la fois la salubrité et de riches produits; mais cette méthode à laquelle on a donné en Bavière le nom de Siegen, nom du pays où on prétend qu'elle a été inventée, ancienne comme nous l'avons dit dans les Vosges, répandue depuis long-temps en Italie, était même dès long-temps connue et employée dans d'autres cantons d'Allemagne, dans la Hesse entre autres, et dans de grandes prairies du Brisghaw.

Nous l'avons aussi retrouvée en Hollande, dans le comté de Nice, et à bien dire, elle appartient plus ou moins à tous les pays où l'irrigation est pratiquée; seulement elle n'y est pas une méthode spéciale comme dans les Vosges et en Italie.

Dans les pays où l'a observée M. Nivière et où elle est nouvelle, elle suivra, il est à croire, sa marche ordinaire; appliquée d'abord aux marais, où ses résultats tiennent du merveilleux, on l'emploiera plus tard dans les autres prairies de plaine en terrain sain, où elle facilite, régularise et complète l'irrigation; c'est ce qui est arrivé en Italie et ce qui a lieu en Lorraine.

Cette méthode, nous l'avons dit ailleurs, serait éminemment utile dans toutes les parties de France; partout on rencontre, même en montagne, beaucoup de prés marécageux et des terrains tourbeux étendus que ce système assainirait et féconderait; sur les parties de plaine en terrain sain, elle offrirait encore d'importans résultats. Il serait donc très-avantageux de la répandre, de la populariser; mais pour la faire admettre plus facilement et avec profit, il serait très-utile, afin d'éviter les tâtonnemens, les longueurs et les pertes de temps, de faire connaître les moyens d'exécutions les plus simples, les plus faciles, et s'il se peut, les procédés et les pratiques observées dans les pays où elle est dès long-temps adoptée; c'est le but que nous nous sommes proposé: pour cela, après avoir déjà vu de près les lieux où la méthode est pratiquée, après avoir à plusieurs reprises mis la main à l'œuvre, et nous être procuré ce qu'on a écrit sur ce sujet, nous sommes retourné deux fois sur les lieux d'origine, dans les cantons où elle est le plus anciennement pratiquée et où elle a été appliquée à la plupart des prairies; et enfin, pour donner plus de consistance à notre projet, nous avons fait venir une première fois des chefs d'atelier vosgiens, et nous avons fini par en transplanter une famille dans notre pays. Après avoir pendant quatre ans mis la main à l'œuvre avec eux, nous allons essayer, par une nouvelle notice, de compléter les notions que nous avons déjà publiées sur ce sujet; nous éviterons de reproduire ici les détails que nous avons précédemment donnés sur la formation de ces planches; nous espérons plus tard pouvoir les rassembler.

Mais entrons en matière et développons d'abord les remarques que nous avons faites sur les prairies lorraines que nous avons visitées, et dont le système d'irrigation diffère de la méthode d'*endossement*.

§ I.

L'irrigation des prés de Plombières sort peu des règles ordinaires ; on y distingue les prés du fond du bassin de la rivière et ceux des coteaux et des pentes : la rivière au-dessous de Plombières fait des prés d'excellente qualité qui se fauchent jusqu'à trois fois ; la première pour fourrage sec d'hiver, la seconde et la troisième pour fourrage vert à donner à l'étable, comme dans les prés *Marcite* d'Italie. L'extrême fécondité des eaux paraît spécialement due au mélange des eaux thermales à celles de la rivière d'Eaugrone ; car les prés du fond du vallon sont médiocres au-dessus de Plombières, et deviennent excellens immédiatement au-dessous. Cette fécondité se continue long-temps, quoique des barrages successifs et voisins ramènent presque indéfiniment la rivière sur les prés riverains ; nul doute donc que les principes que contient cette eau ne soient plus que sa température le principe améliorateur.

Les coteaux rapides qui bordent le vallon étroit dans lequel coule l'Eaugrone, sont aussi cultivés en prés comme le fond du bassin ; ils doivent leurs produits assez abondans aux eaux de petites sources nombreuses qui sourdent du terrain même, ou à de faibles cours d'eau que leur envoient les parties tourbeuses des plateaux supérieurs. Ces eaux sont très-habilement ménagées sur ces coteaux. Le sol qu'occupent ces prairies en pente n'offrait, il y a peu d'années, qu'un lit souvent épais et inégal de débris de grès ; après avoir plus ou moins nivelé ces petits quartiers de roche, on les a recouverts d'une couche de terre assez mince, et bientôt l'irrigation en a formé des prés de bonne qualité.

On se rend difficilement compte des causes qui ont pu rassembler sur ces pentes, ces débris nombreux de grès des Vosges, grès rouge qui forme presque partout le noyau apparent de ces montagnes ; l'hypothèse la moins invraisemblable les attribue à des glaciers qui auraient couvert ces montagnes et laissé sur le sol, en se fondant, ces débris renfermés dans leur sein.

La pierre calcaire est très-rare dans le pays; mais on y rencontre presque partout le grès rouge; cependant le granit traverse souvent sa couche, et les pics les plus saillans lui appartiennent. Une partie des roches de grès tombe en décomposition, et celui à gros grain plus facilement que celui à petit grain; le premier contient beaucoup de feldspath, et c'est à cette roche qu'on doit, je pense, le plus puissant élément de fécondité du pays. On y trouve sur les plateaux et au pied de la montagne, de grandes étendues de terres sablonneuses légères contenant peu ou point d'humus, et qui cependant sont fécondes : ailleurs, ces sables seraient à peu près infertiles; ici, beaucoup de ces champs produisent, avec des soins convenables, les grains, les fourrages et les bois : la plaine de Saint-Sauveur, placée au pied des Vosges, et une grande partie des terres fécondes de l'Alsace, sont formées de ce sable léger, fécondé, à ce qu'il semble, par les principes salins qu'il renferme.

Mais le morcellement des propriétés est, dans le vallon des Vosges, un obstacle à une bien plus grande amélioration ; si les coteaux appartenaient à un même propriétaire, ou si les propriétaires s'entendaient entre eux, la grande pente du ruisseau permettrait de conduire ses eaux sur toutes les prairies des deux coteaux, et même sur quelques parties des plateaux dont on verrait bientôt les produits doubler en quantité et en qualité.

Toutefois, les résultats obtenus sont déjà grands, grâce à l'intelligence et à l'adresse des irrigateurs ; cependant, dans les travaux qu'on a faits, les débris pierreux n'ont pas toujours été bien nivelés; le terrain offre encore des inégalités, mais les rigoles et les pentes sont ménagées de manière à pouvoir porter l'eau sur tous les mamelons. Lorsque la pente est régulière, deux systèmes d'irrigation se font remarquer.

Le premier se compose de rigoles parallèles, presque horizontales, qui reçoivent, distribuent et régularisent à plusieurs reprises les eaux. L'eau est portée successivement dans ces rigoles par un fossé perpendiculaire dans le sens de la pente, qui permet de l'envoyer à volonté dans les parties inférieures de la prairie avant qu'elle soit épuisée de ses principes fécondans pour les irrigations supérieures ; c'est là à peu près le système horizontal dont nous avons précédemment rendu compte.

Le second qu'on y trouve, sur de plus grandes étendues peut-être, s'emploie spécialement quand les eaux sont éparses, s'offrent en moindre volume et sont d'une moindre durée ; il consiste en rigoles principales, dans le sens de la pente, qui versent l'eau dans des saignées latérales peu pentueuses qui se prolongent à peu de distance du rameau principal ; ce système se rapproche beaucoup du précédent, mais il est préférable pour utiliser des eaux temporaires qui arrivent en petit volume et qu'on emploie à mesure qu'elles sourdent sans les réunir.

Ces eaux et ces diverses manières de les distribuer sont très-efficaces : nous avons vu, à plusieurs reprises, quelques jours d'un temps pluvieux et frais, dans le mois de juillet, suffire pour changer la face de ces pentes fauchées depuis peu, que la sécheresse avait jaunies, et qui faisaient disparate avec les prairies du fond du vallon, entretenues fraiches et vertes par l'emploi des eaux de la rivière ; au bout de quinze jours leur verdure était devenue comparable à celle de prés beaucoup meilleurs, et leur teinte uniforme attestait la bonne et régulière distribution des eaux.

Toutefois, ces travaux qui ont créé de bonnes prairies sur des surfaces naguère entièrement couvertes de gros débris de grès, ne sont devenus possibles qu'avec l'argent qu'apportent chaque année dans le pays pauvre de Plombières les nombreux baigneurs qui y affluent.

Mais cette amélioration, qui a eu dans ce pays le plus grand succès, ne réussirait pas de même sur d'autres natures de sol ;

Il a suffi sur ces blocs de grès d'une couche de terre peu épaisse pour établir une surface gazonnée qui retient l'eau des irrigations et craint peu la sécheresse; sur des débris calcaires, une couche de sol calcaire de cette épaisseur, serait chaque année grillée par la sécheresse, et l'eau d'irrigation se perdrait dans le sous-sol : ces moyens d'amélioration sont donc en quelque sorte particuliers aux sols analogues à celui des Vosges.

Quant à la fécondité de ces eaux, nous pensons qu'elle est due à la potasse du grès en décomposition qui a formé le sol de la contrée, décomposition qui se continue et augmente tous les jours en beaucoup de points l'épaisseur du sol; ce grès contient beaucoup de feldspath d'une décomposition facile, et ce feldspath renferme jusqu'à 7 et 8 pour cent de potasse; il forme ainsi une mine inépuisable de fécondité, dans laquelle le sol du pays, et surtout celui des pentes et du pied de la montagne, renouvellent sans cesse leur puissance de production.

## § II.

Le vallon de Plombières est séparé de la belle vallée qui porte le nom de Val d'Ajol, par un plateau dont les parties cultivées offrent un terrain léger et assez médiocre. Ce vallon se déploie sur une assez grande étendue; il prend naissance aux gorges d'Erival, et se continue jusque sur Fougerolles, pays classique du kirsch. Dans le fond coule une rivière dont les eaux persistent pendant la sécheresse et font mouvoir un assez grand nombre d'usines, et entre autres une filature et des tissages mécaniques très-remarquables. A ce vallon principal, viennent en aboutir un assez grand nombre de secondaires, à pente douce, qui se raccordent avec lui et y versent leurs eaux. On rencontre rarement un vallon plus riant, mieux cultivé et plus habité que le Val d'Ajol; les eaux de la rivière, sans avoir la fécondité de celles de l'Eaugrone après Plombières, y forment une prairie étendue et féconde, mais que sa faible pente rend assez souvent marécageuse. Pour corriger ce défaut, dans les parties inférieures et qui se rapprochent de Fougerolles,

les prés en assez grand nombre ont été travaillés en planches bombées; ce travail est ancien. En arrivant dans la commune du Val d'Ajol, cette méthode s'arrête, quoique les prés en aient plus besoin encore que ceux auxquels on l'a appliquée à Fougerolles; on y trouve sans doute les prés arrosés par les méthodes ordinaires assez productifs, et on recule devant les dépenses et les difficultés de l'opération. Cependant des étrangers venus de pays où l'expérience a fait connaître tous les avantages de la méthode d'adossement, commencent à l'introduire autour du village: le nommé Masson, de la commune de Dommartin en montagne, où l'irrigation des prés est particulièrement bien connue, travaille avec le plus grand fruit un pré de trois hectares; comme la terre lui manque, il est obligé d'amener du dehors la terre de ses ados; mais rien ne lui réussit mieux pour les construire que le gravier pur de la rivière qu'il saupoudre à peine d'un peu de terre pour recevoir ses graines de foin; au bout de deux à trois ans, l'ados tout entier est gazonné et donne un pré d'excellente qualité: le plus difficile de l'opération, et qui demande une pratique et un coup-d'œil exercés, est la direction des ados; pour n'avoir pas à hâcher son terrain ni à faire de grands transports de terre, Masson étudie sa pente générale et choisit l'emplacement de ses planches, de manière que sans beaucoup de travail la rigole de leur sommet, qui doit arroser les deux ailes, n'ait qu'une faible pente; il en donne une plus forte aux égouttoirs qui servent à emmener l'eau des arrosemens. Son entreprise a augmenté de plus d'un tiers la quantité et amélioré la qualité de son fourrage; ses voisins, qui d'abord riaient de lui et de ses dépenses, l'applaudissent aujourd'hui et songent à l'imiter.

Il établit comme règle de travail, que les rigoles qui servent d'abreuvoir doivent être à peu près sans pente; mais lorsque la position le force d'en donner plus qu'il ne voudrait, il fait verser l'eau sur les ailes, au moyen de quelque cailloux qu'il y place. Il donne à ses rigoles jusqu'à 200 mètres de longueur; on conçoit qu'en s'approchant de cette dernière limite une pente légère doit être ménagée, afin que les eaux de la rigole puissent s'extravaser doucement sur les ailes latérales, depuis la naissance de la planche jusqu'à son extrémité; dans une rigole bien nettoyée, un demi-millimètre de pente par mètre peut suffire.

Masson est un homme laborieux, intelligent, tenace dans sa volonté; il marche doucement à son but, avec ses propres forces, sans se lasser ni se décourager. Ce but, il l'atteindra; déjà il a amené à lui l'opinion de tous ceux qui le blâmaient; il conçoit très-bien la pratique et même la théorie de sa méthode: son exemple sera donc éminemment utile dans son pays d'adoption.

## § III.

En remontant le Val d'Ajol, nous avons gagné par l'une des gorges d'Erival la vallée tourbeuse des premières eaux de l'Eaugrone; c'est là qu'on peut juger la méthode et sa puissance. Une partie de la prairie a été mise en planches bombées, et l'autre est encore en marais; la première produit quatre fois autant que la seconde, et on peut y circuler avec des voitures, pendant qu'on est obligé d'enlever à dos d'homme le peu de fourrage que produit la seconde. Comme cette vallée est étroite et très-pentueuse, pour réduire la pente à la mesure nécessaire à de bons adossemens, il a fallu souvent, pour former les ados, racheter la pente par de grands transports de terre, et cette terre on a dû la prendre sur le coteau; cependant, dans les parties les plus basses de la vallée, comme on ne pouvait arriver avec des voitures et à peine circuler avec des brouettes, on n'a pas pu transporter les terres du coteau; il a donc fallu tailler les ados dans la tourbe elle-même.

Ces ados de tourbe pure demandent sur leurs ailes une pente très-sensible, parce qu'autrement l'eau y reste sans s'infiltrer; par le laps du temps cette tourbe s'est assainie, a changé de nature, et son produit, sous peu, sera égal à celui des bons prés. Ces prés tourbeux, quand ils ne sont pas travaillés, offrent sans doute bien peu de ressource; ils donnent très-peu de fourrage et sont le plus souvent inabordables au pâturage; cependant de toutes parts on nous dit que leur fourrage nourrit assez bien les bêtes de travail, bœufs et vaches, mais qu'il tarit le lait de ces dernières et convient peu aux jeunes animaux; on le laisse très-peu sécher sur le sol; fauché le matin avec un bon soleil, on le passe souvent à midi; il s'adoucit, à ce qu'il semble, sur les fenils par la fermentation qu'il y éprouve.

Les plus grands travaux de cette vallée, qui dépend du hameau d'Olichamp, sont dus à M. Bergon; ils datent seulement de vingt-cinq ans; la prairie *adossée* s'améliore donc encore tous les jours: cette tourbe assainie se transforme et tend à devenir en tout semblable à un bon terrain. Cet effet se produit au moyen des irrigations annuelles, auxquelles on emploie le petit cours d'eau qui devient plus tard le ruisseau d'Eaugrone; il prend naissance dans la vallée d'Olichamp, et s'y forme d'une foule de petits raisins ou rameaux qui semblent n'être que les égoûts de tourbes qui forment à une assez grande profondeur la couche supérieure du sol.

## § IV.

Mais c'est à Epinal que nous avons rencontré une bien belle application de ce système d'irrigation. La Moselle s'y développe sur un lit torrentueux; ses bords, sur de grandes étendues, sont accompagnés de graviers que ses eaux jettent sur les rives et recouvrent dans les inondations. Lorsque les bords s'élèvent un peu, ils offrent de mauvais pâturages, ou des champs très-peu féconds de terrain sablonneux. Cette rivière a sa source dans le grès des Vosges souvent en décomposition; elle en charrie le sable et les débris; et ses eaux en dissolvant une partie de la potasse du feldspath deviennent très-fécondes, lorsqu'on peut les maîtriser; leur pente est très-rapide; une dérivation de 2,000 mètres, qui suit les bords de la rivière, suffit pour produire une pente de près de 5 mètres. C'est un quatre-centième de pente, proportion plus forte que celle de l'Ain avant sa jonction avec le Rhône, et du Rhône lui-même au sortir du lac de Genève jusqu'à Lyon.

A l'aide d'une dérivation, MM. Dutacq frères, directeurs de ces travaux, ont établi aux portes mêmes d'Epinal un premier pré de 18 hectares; ils ont commencé leurs travaux il y a douze à quinze ans, et cette surface entière qui n'offrait alors que des grèves, des cailloux et de mauvais pâturages, est devenue un pré excellent qui produit 5 à 6 mille kilogrammes de premier foin, de très-bonne qualité, par hectare. A son ancien état de grèves, il valait, aux portes d'Epinal, 3 à 400 francs l'hectare, comme il en vaut maintenant 6 à 8 mille. Toute sa surface a été formée en planches bombées : on a pour cela commencé par dresser, combler, ou ravaler, partout où cela était nécessaire. On s'est borné, lorsque le terrain a offert peu d'inégalités, pour former les ados, à relever simplement le gravier des bords, de manière à donner aux ailes la pente convenable; lorsque la pente a été trop forte, on a charrié le gravier superflu des parties supérieures sur les parties inférieures de l'ados; dans les graviers purs, on ne s'est pas cru obligé de charrier des terres; un peu de sable de la rivière, répandu à la surface, a suffi pour faire germer les graines de foin qu'on y a semées. On a d'abord défendu le sol de l'invasion des eaux; et, au bout d'un an, en les y introduisant, elles ont apporté du limon sur cette surface gazonnée et ont lié tous ces cailloux; on a ensuite enlevé les plus gros et on est arrivé, au bout de trois ou quatre ans, à avoir un pré d'excellente qualité. Les dépenses pour ces travaux ont été variables, depuis 200 jusqu'à 600 fr. par hectare.

Plus loin, un pré de 50 hectares est, sans doute maintenant, achevé; mais on l'a établi dans une plus grande pensée. Le premier pré était une entreprise bornée dans son étendue, et qui cependant a donné les plus beaux résultats; pour le second, la sphère s'est agrandie; la dérivation, qui n'est pour le premier pré qu'une rigole, est devenue pour le second et pour ceux qui se feront ensuite le commencement d'un canal propre à une petite navigation. Mais bientôt déjà il ne s'agit plus d'une simple spéculation particulière ; une compagnie s'est formée, qui doit transformer en prés, dans le seul département des Vosges, 2,000 hectares de grèves qui bordent la Moselle. La compagnie suivra-t-elle le projet de ses fondateurs de border la prairie d'un canal navigable offrant tous les 2,000 mètres, à côté des écluses, des chutes de 5 mètres. Nous avons cubé le volume des eaux du canal à son embouchure ; il prend 5 mètres d'eau par seconde, et en pourrait prendre davantage sans aucun inconvénient. Cette eau avec sa chute représente la force de plus de 330 chevaux vapeur, force qui s'emploierait pour les travaux des arts toutes les fois que les eaux ne seraient pas utilisées pour l'irrigation. Deux jours d'eau par semaine, dans les six mois d'irrigations utiles, suffiraient à féconder la prairie ; ce qui n'ôterait guère que quarante-huit à cinquante jours à la navigation et aux usines.

Mais la question du canal n'est pas celle qui nous intéresse le plus, c'est celle de la mise en prairie féconde de plus de 2,000 hectares de grèves sans produit. Il faut pour atteindre ce grand but qui créerait une valeur de 10 millions, qui aviverait un pays entier, en lui fournissant les fourrages et par conséquent les engrais pour le sol, il faut, disons-nous, le concours des propriétaires de ces grèves et pâturages. Presque partout ce sont les communes qui les possèdent, et leur assentiment n'est pas facile à obtenir ; cependant, on leur offre pour compensation une partie de leur sol réduit en pré ; déjà plusieurs communes entrent en possession de la part de prairies qui leur revient. Ainsi, une commune de cent feux, qui possédait 200 hectares de pâturages, les a vu convertir en prés ; chaque feu a eu pour sa part de pâturage la jouissance annuelle d'un pré de 4/5 d'hectare, en valeur de 150 fr. au moins. C'est là une fortune pour les pauvres et un immense avantage pour toute la commune qui nourrira 300 têtes de bétail de plus, et verra augmenter d'un tiers peut-être la quantité de ses engrais ; et puis les seconds foins et le pâturage, si on le permet, des 120 hectares de la compagnie resteront encore aux habitans de cette commune riveraine. Plusieurs années se sont écoulées depuis que nous n'avons pris des informations sur les lieux, mais l'entreprise se continue sur une grand échelle et avec un succès soutenu, et MM. Dutacq, premiers auteurs de l'entreprise, viennent de recevoir une haute récompense du gouvernement.

Aucun autre système d'irrigation n'aurait rempli aussi bien le but. Dans ce système, avec très-peu d'entretien annuel, l'arrosement se continue régulièrement, sans avoir besoin de modification ni de changement de disposition ; il s'établit ou se suspend très-simplement, au moyen de petits canaux qui prennent l'eau dans le grand, se ferment et s'ouvrent avec des bondes et servent comme *têtes d'eau* à alimenter toutes les rigoles du sommet des planches. Toute l'opération a donc lieu sans vannes, qui sont toujours d'un établissement, d'un entretien et d'un service difficiles; la pente des planches est ménagée de manière à ce que l'eau ne les ravine jamais ; et lorsque les grandes eaux d'inondation recouvrent la prairie, sa surface gazonnée se défend très-bien du travail des eaux, en sorte qu'elles ne font que lui apporter leur limon fécondant.

Il y a là un bel exemple donné pour les bords des rivières rapides. Presque partout, ces rivières torrentueuses s'accompagnent de terrains sans produit, que les eaux dévastent annuellement: des travaux analogues métamorphoseraient ces bords, souvent malsains et sans produit, en prairies fécondes, parce qu'il n'est presque point de rivières dont le limon et les eaux ne portent avec eux la fécondité.

Dans notre pays, la rivière d'Ain et le Rhône offrent d'immenses *brotteaux;* nul doute que l'application d'un pareil système ne pût y créer, comme dans les Vosges, d'excellentes prairies pour l'agriculture, des forces puissantes pour les industries de toute nature, et même, sur les canaux de dérivation, une navigation facile, maintenant si peu régulière et si difficile sur ces cours d'eau torrentueux.

## § V.

Mais l'*adossement* des prés est à Epinal une méthode nouvelle, et l'irrigation, en général, y est même, à ce qu'il semble, assez peu avancée. C'est dans l'arrondissement de St-Dié que paraît avoir pris naissance la méthode des adossemens ; c'est donc là, dans son berceau, que nous sommes allé l'étudier.

Une partie des prairies y a reçu cette forme de temps immémorial ; toutefois, de grands espaces appartenant à de riches propriétaires, de grands pâturages communaux, à portée des eaux de la Meurthe, ne donnent encore qu'un faible produit ; mais, depuis quelques années, on les transforme en prairies adossées et des ouvriers nombreux se sont formés dans cet important travail ; ils y ont acquis une adresse, un coup-d'œil, dont on ne peut se faire d'idée qu'en voyant leurs résultats ; c'est donc là qu'il faut aller chercher d'habiles irrigateurs. On y trouve des entrepreneurs de travaux, chefs d'atelier, qui, à prix fait ou à la journée, transforment tous ces terrains placés aux bords de la Meurthe, ou à portée d'un ruisseau, ou d'un cours d'eau quelconque, en prés de bonne qualité.

Mis en rapport avec un de ces chefs les plus habiles, le nommé Bastien, nous avons parcouru avec lui des prés anciens, d'autres faits par lui depuis plusieurs années, et d'autres enfin qu'il était occupé à faire. C'est particulièrement dans un pré de 6 hectares non encore fini, que nous avons pu juger de l'habileté de cet homme : sans un seul coup de niveau, il a distribué son terrain de telle sorte, que les eaux en y arrivant le couvrent tout entier et régulièrement dans toutes ses parties ; les pentes et les eaux sont ménagées de manière à ce qu'on peut envoyer sur tous les points des eaux encore neuves qui n'ont pas perdu leur principe fécondant ; et ce qui est bien remarquable et bien important à pouvoir imiter, c'est que toute cette irrigation se fait en même temps sans vanne et sans autre écluse que celle qui dérive une partie des eaux de la Meurthe.

Deux systèmes sont principalement suivis par lui : lorsque

son sol a une pente sensible, il emploie plus volontiers le système des rigoles horizontales où le terrain est découpé en planches planes. Ce système est le même que nous pratiquons depuis quarante ans, que nous avons développé dans un écrit précédent et déjà fait remarquer dans les prés de Plombières.

Mais ce qui distingue le travail de Bastien dans ce système, c'est que toutes ses planches sont d'une parfaite régularité et toutes ses rigoles parallèles ; il se ménage aussi la faculté d'envoyer sur chacune des planches des eaux nouvelles par une rigole dans le sens de la pente, dite *Tête-d'eau,* d'où partent ses rigoles parallèles. Ces rigoles, dirigées en ligne droite, découpent le terrain en planches planes de 4 mètres, soit deux andains de largeur et de 60 à 80 mètres de longueur.

Dans les parties de son fonds où la pente est moindre, le pré est adossé, et les ados se forment de deux ailes de même dimension que les précédentes planches ; il leur donne une pente très-faible, d'un décimètre au plus ; il trouve que partout ailleurs on leur en donne généralement trop. Toutefois, nous pensons et admettons en principe que cette pente doit être proportionnée à la nature du sol, plus faible dans les terrains légers, plus forte dans les argileux ; la rigole du sommet doit avoir très-peu de pente, afin de se dispenser, autant que possible, d'y mettre des arrêts d'eau.

Lorsque cet homme veut travailler son terrain et le former en planches, soit planes, soit bombées, il marque avec des piquets la place de ses rigoles, laboure en entier, trace et arrête la forme de ses planches avec un rang de gazons qui en dessine les bords ; il enlève ensuite à la brouette ou au tombereau les terres où elles sont de trop, pour les replacer là où elles manquent ; il ménage toutefois la terre de sa surface, de manière à en conserver partout pour former une couche de 2 à 3 pouces sur le sol. Toutes ses planches sont d'une régularité parfaite, et tout cela se fait sans niveau, sans tâtonnemens ; les bords des rigoles sont, comme nous l'avons vu, déjà gazonnés ; le milieu, qui se compose de gazons hachés, se sème avec la *fleur*, soit graine de foin, et lorsque l'herbe est poussée, on y envoie un peu d'eau poùr aider à la végétation; des prés ainsi faits l'automne précédent, ou même au premier printemps, se fauchent au mois d'août.

Comme tous les hommes d'action et qui ont long-temps commandé, notre artiste est un peu absolu et exclusif; il veut aussi innover et faire distinguer sa manière de celle de ceux qui l'ont précédé ou qui travaillent avec lui dans le pays; il leur est peut-être bien supérieur pour le coup-d'œil et la parfaite exécution, mais nous serions disposé à penser qu'il tend trop à s'écarter du système ancien des adossemens dont l'avantage est si bien établi; il veut, en général, faire prévaloir le système horizontal dit de *rechute* sur celui des ados, source spéciale cependant de richesse et de l'abondance des prairies dans le pays; il voudrait n'employer les *dosses* que lorsque la pente lui manque; il restreint ses ailes à 4 mètres, ou 2 andains de large; ailleurs, elles en ont souvent trois, et leur pente est généralement plus forte.

La dépense de la mise en pré de ces terrains est extrêmement variable; des anabaptistes, excellents cultivateurs dans cet arrondissement, ont dépensé jusqu'à 3 et 4 mille francs par hectare, pour y établir ce système; mais cela suppose des transports de terre, des comblements, des changements de surface tout-à-fait extraordinaires. Le pré de six hectares que travaillait alors Bastien, et sur lequel il nous faisait voir les détails de sa méthode, était presque achevé; il offrait, dans le principe, des surfaces très-inégales; il a fallu, dans diverses parties, déblayer, et dans d'autres remblayer un demi mètre de terrain. L'ouvrier demandait 2,000 fr. pour tout le travail à faire. On y avait, lors de notre passage, dépensé déjà 1,300 fr. d'argent; il restait à payer les journées des charrues qui ont été employées à labourer la surface et à accélérer, par ces labours, l'enlèvement de la terre des déblais; il restait encore à se procurer et semer les graines de foin et à dépenser en main d'œuvre une centaine de francs; ce serait donc en tout une dépense de

300 fr. par hectare, à l'aide de laquelle et des eaux qu'on y amène, on quadruplera le produit de ce pâturage communal, qui ne recevait auparavant de fécondité que des eaux d'inondation de la Meurthe.

Les prés anciennement travaillés l'ont été avec beaucoup moins de frais et de mouvemens de terrain ; aussi, ils ne présentent pas la même régularité de forme ni de pente; ainsi, la pente des planches sur leur longueur est souvent très-forte. Des cailloux alors, placés dans les rigoles d'arrosement, font épancher l'eau sur les côtés. Ce moyen offre l'inconvénient de répandre l'eau assez irrégulièrement, et souvent de n'en point conserver pour les extrémités des rigoles ; aussi, lorsque la planche a une certaine longueur, des rigoles de reprise en écharpe prennent l'eau dans celles d'égoût, soit *égouttoirs*, pour la reporter dans les rigoles d'arrosement, soit *arrosoirs*. Ce système de reprise ne peut cependant avoir lieu qu'autant que les rigoles d'arrosement ont une assez forte pente. Cette reprise d'eau se fait à moindres frais que si l'on était obligé d'établir deux systèmes de planches successives ; il offre toutefois l'inconvénient que les eaux reprises dans les égouttoirs, pour être portées dans les arrosoirs, arrivent épuisées dans le bas des planches : on peut y remédier en partie en faisant verser dans l'égouttoir, à la tête de la planche, de l'eau fraiche ; et cette eau, les rigoles de reprise en écharpe la reportent à l'arrosoir, mêlée aux eaux qui ont déjà passé sur les ailes.

Lorsqu'on veut établir un double système de planches, on peut, si cela est possible, épargner beaucoup de main d'œuvre ; et pour cela il faut exécuter le bombement de son premier système, en levant la terre du haut des planches pour leur donner la pente, la transporter sur le bas des planches, de manière qu'en ce point la planche se trouve, en quelque sorte, en relief sur l'ancien pré. Par ce moyen, le fond des égouttoirs se trouve à l'ancien niveau du terrain : dans ce cas, le second système de planches se fait sans beaucoup de mouvemens de terre, parce que les égouttoirs de la planche supérieure finissent au niveau de la planche inférieure, et débouchent vis-à-vis des arrosoirs même de la planche inférieure. Ces deux systèmes se séparent par une rigole qui reçoit l'eau des égouttoirs et la rassemble pour être distribuée régulièrement sur la planche inférieure.

Pour donner la forme à ces planches, dans ce système comme dans le premier, on lève dans le haut la terre nécessaire pour donner aux ailes la pente convenable, et on la reporte à l'extrémité; si l'on a bien choisi la direction de ses planches, on peut le plus souvent arriver à cette forme. Il faut, autant que possible, les placer sur un terrain qui ait au plus 1 à 2 millimètres de pente et exécuter ses transports de terre, de manière à ce que les planches, sur leur sommet et leur longueur, n'aient guère que moitié de cette pente.

Cette disposition offre le grand avantage de donner aux égouttoirs plus de pente qu'aux abreuvoirs, d'évacuer par conséquent l'eau plus promptement qu'elle n'est répandue, condition importante dans toute irrigation. La pente de l'égouttoir surpasse celle de l'arrosoir, de toute la hauteur de son relief au-dessus du niveau de la prairie. Cette disposition, en outre, simplifie le travail, puisqu'il n'y a point de terre à sortir du pré ni point de terre à y conduire, et que tous les remblais se font avec les déblais. Dans ce cas, la pente des ailes s'accroît graduellement en arrivant à l'extrémité de la planche, mais il n'y a là aucun inconvénient sensible.

Lorsque la pente de l'abreuvoir est trop forte, on peut la diminuer en augmentant celle des ailes, et reportant la terre qu'elles fournissent sur le bas de la planche; si on ne peut pas diminuer la pente des arrosoirs, on fait vider l'eau par des obstacles interposés, et on la reprend au besoin, comme nous l'avons indiqué ci-dessus, par des rigoles de reprise.

Les Vosgiens, au contraire de ce que demandent les Bavarois à Siegen, veulent, et il nous semble avec raison, des rigoles d'arrosement peu profondes; elles tiennent moins d'eau sans doute, mais elles s'égouttent plus facilement.

Les rigoles, tant d'arrosement que d'égouttement, disons les égouttoirs et les arrosoirs, doivent être curés chaque année. Ce curage a l'inconvénient de leur donner trop de profondeur; lorsque ce cas est arrivé pour l'arrosoir, on pratique à ses deux côtés deux petites rigoles parallèles qui le remplacent, et dont la terre sert à le combler. Au bout de peu d'années, on rouvre l'arrosoir à sa même place; on bouche avec la terre les rigoles secondaires. Quant aux égouttoirs, on peut laisser sur le sol les gazons des curages qu'on replace dans le fond, après qu'une année passée à l'air a desséché les racines des plantes aquatiques qui, dans la rigole, s'opposaient au débit des eaux.

Cet inconvénient du creusement des rigoles prend sa source dans l'un des plus grands avantages du système des ados, qui est sa durée indéfinie, sans presque aucun entretien. Lorsque, par suite des temps, les bords supérieurs des ailes s'exhaussent par le limon des eaux et les fortes racines d'une active végétation, on enlève cet exhaussement, et on y trouve l'avantage de rendre aux planches leur ancienne forme.

Les ailes des ados qu'on construit maintenant n'ont généralement que deux andains; les anciens en avaient trois et même quelquefois quatre; le troisième andain, et à plus forte raison le quatrième, reçoivent des eaux qui ont perdu en partie leur force, et sont, par cette raison, moins fécondes que le premier et le second; et puis les petites planches demandent moins de travail, moins de transport de terre, mais seulement un peu plus d'eau.

Ce procédé donc, en général, a besoin d'eaux assez abondantes, surtout si on donne de l'eau nouvelle à chaque système de planches; il faut que chaque planche en reçoive assez pour que toute la surface en soit arrosée à la fois par extravasion sur les bords de la rigole; mais lorsque l'eau est distribuée régulièrement, qu'elle est bien égalisée, que l'arrosoir a peu de pente, une quantité modérée peut suffire encore pour arroser de grands espaces.

Lorsqu'on ne peut disposer que d'une faible quantité d'eau, il convient d'alterner l'irrigation et de ne l'appliquer qu'au nombre de planches qu'on peut convenablement arroser.

Dans le système que nous venons de développer, l'eau qui arrose les premières planches sert encore aux secondes ; elle semblerait devoir être peu épuisée, puisque toute cette eau n'a parcouru que toute la largeur d'une aile ; cependant si les eaux ne sont pas rares, en en donnant beaucoup dans le dessus des planches, il en arrivera dans les égouttoirs une certaine quantité qui aura très-peu servi et qui, mêlée au reste, donnera encore de l'eau bonne pour les secondes planches.

On peut encore faire mieux et donner à un second, et même à un troisième système de planches, de l'eau fraîche et neuve, si on a la rivière dans le voisinage, ou un égouttoir qui y conduise ; pour cela, il faut, à la première rigole d'arrosement, du côté le plus éloigné de la rivière, donner une dimension telle, que tout en arrosant les deux ailes qui lui correspondent, elle puisse, au bout du premier système, fournir l'eau à une rigole, tête d'eau, qui, en se retournant perpendiculairement, servira à fournir l'eau à toutes les rigoles du second système ; les eaux qui ont arrosé le premier sont réunies, à l'extrémité des planches, dans une rigole-égouttoir perpendiculaire à leur direction, qui les porte à la rivière ou à un grand égouttoir qui y conduit.

On conçoit que la rigole-arrosoir qui amène l'eau au second système, peut recevoir une dimension telle, qu'après avoir alimenté la rigole servant de tête d'eau à un second système, elle en conserve encore assez pour en alimenter un troisième.

On donne, autant qu'on le peut, une faible pente aux arrosoirs ; 1 centimètre pour 24 mètres, ou 1/2500$^{me}$ de pente leur suffit ; leur largeur, qui se proportionne à la pente, va en diminuant jusqu'à leur extrémité, où l'arrosoir se termine en s'épanchant sur l'extrémité de la planche ; les égouttoirs qui ne commencent qu'à 4 ou 5 mètres de la rigole tête d'eau, vont au contraire en s'élargissant ; il est bon qu'ils aient une pente plus forte que l'arrosoir, parce que, pour un bon arrosement, *il faut que l'eau s'épanche doucement et s'égoutte promptement.*

Les planches peuvent avoir jusqu'à 200 mètres de longueur ;

mais on conçoit que, dans ce cas, il est nécessaire qu'elles soient bien régulières ; la largeur des arrosoirs et des égouttoirs doit se proportionner à cette longueur, à la pente générale du système et à la largeur des ailes.

Mais la direction de tous ces travaux demande un coup-d'œil exercé et, s'il est possible, une vue d'ensemble qui fait juger, au premier aperçu, de la forme à donner aux prés et du système de distribution d'eau à toutes ses parties; cet art ne peut s'écrire et ne se transmet pas facilement d'un homme à un autre ; nous avons donc pensé que notre but de transporter le système d'irrigation lorrain dans notre pays, ne serait complètement atteint qu'au moyen de la présence d'un chef d'atelier vosgien que nous mettrions à la tête d'hommes qu'il formerait à sa pratique.

Picard, chef de la famille vosgienne transportée, est d'abord venu, une première année, avec un ouvrier de son pays, passer trois mois à travailler nos prés; l'année suivante, dans une nouvelle visite que j'ai faite aux prairies de St-Dié, il a demandé à venir avec sa famille; je l'ai donc affermé, placé dans un petit domaine, et installé chef d'un atelier qui travaille dans nos prés la plus grande partie de l'année.

Cependant son travail n'a pas toujours eu les résultats qu'il s'en promettait ; il a d'abord, dès son arrivée, insisté, comme Bastien, pour faire prévaloir la méthode des rechutes; il trouve que les planches, avec leurs ailes, donnent beaucoup plus de travail et demandent plus d'eau que le système horizontal; mais notre sol argileux ne s'est pas prêté aussi bien à ce système que le sol léger des bords de la Meurthe ; il a donc fallu, dans plusieurs points où la pente n'était pas suffisante, revenir aux arrosemens anciens et renoncer aux rechutes; le système de planches y serait parfaitement applicable, mais le temps s'est passé à en établir ailleurs, où elles étaient plus indispensables ; cependant, dans des terres et pâturages que j'ai mis en prés, en établissant des planches bombées, il n'a pas donné aux ailes la pente que je lui demandais, et il a fallu reprendre le travail, parce que ce sol argileux, avec moins d'un centimètre de pente par mètre sur les ailes, ne s'égouttait pas suffisamment; le même défaut s'est reproduit dans tous les travaux dont je n'ai pas expressément assigné la pente, tant est forte la puissance de l'habitude.

Notre homme est arrivé avec les instrumens de son pays, que nous avons adoptés avec empressement et grand avantage. On fait dans les Vosges tous les travaux de création et d'entretien de prairies avec une hache et un fossoir; la hache sert à tracer au cordeau toutes les rigoles, grandes ou petites; et le fossoir lève la terre dont les bords sont coupés par la hache à l'épaisseur que l'on veut; nous regardons ces deux instrumens comme indispensables pour faire promptement un bon ouvrage; la hache n'est pas seulement vosgienne, on la retrouve dans la plupart des pays où l'on s'occupe beaucoup de la culture des prés; on la suppléait dans le nôtre par le tranchant de la bêche, mais cet instrument fait mal et lentement le même travail qu'elle.

Le fossoir est particulièrement utile pour faire des rigoles peu profondes, condition des plus essentielles, parce que, dans ces rigoles peu pentueuses, si on les fait profondes, l'eau séjourne et perd une plus grande proportion de principes fécondans; cette profondeur nuisible dont on n'est pas le maître, s'accroît indéfiniment avec la bêche, tandis qu'avec le fossoir on ne fait pas autre chose que de les rafraîchir; mais, profondes ou non, elles ont besoin d'être curées chaque année, et l'ouvrage s'expédie encore plus vite avec le fossoir qu'avec la bêche.

Les Vosgiens dressent leurs planches à l'eau ou sans elle; à l'eau, ils ménagent mieux leur pente et font un travail plus sûr; mais, dans les terrains argileux, la terre se gonfle d'eau, et lorsque la sécheresse arrive, elle se fend d'une manière tout-à-fait nuisible.

Ils placent en général, avec beaucoup de raison, leurs rigoles de distribution d'eau, soit tête d'eau, à la distance de deux ou trois andains de la rivière ou de la rigole principale de dérivation; cet intervalle est dressé et formé en ailes, soit *hières;* avec la pente nécessaire pour irrigation; ces rigoles, lorsqu'elles sont placées à peu de distance du cours d'eau ou du canal de dérivation, sont percées par les taupes et les rats et elles perdent ainsi leurs eaux qui retombent à la rivière, inconvénient qu'on évite au moyen de la largeur de terrain de l'hière, de deux ou trois andains.

Dans tout système d'irrigation, il ne faut pas perdre de vue qu'on a toujours deux pentes, celle qui suit le cours de la rivière et celle de la prairie qui lui est perpendiculaire; il faut choisir, pour la direction des planches, la moindre pente qui est ordinairement celle de la rivière. Dans les terrains où les irrigations sont anciennes, les eaux ont modifié quelque chose dans l'état naturel et ancien du sol; leur limon et l'exhaussement qui résulte de la puissance de végétation que les eaux créent sur les premiers points qu'elles arrosent, ont formé des contre-pentes qui forcent, ou de modifier la direction des planches ou d'opérer des enlèvemens de terrain; l'œil n'est pas toujours assez sûr pour décider sur le parti à prendre, ni pour déterminer d'une manière absolue la quotité des déblais et remblais: c'est le niveau qui doit diriger dans ces travaux.

L'œil de nos Vosgiens, tout exercé qu'il est, s'est quelquefois trompé sur les pentes peu sensibles de nos prairies; nous avons donc été obligé de les redresser de temps en temps avec le niveau qui remettait les choses à leur place; mais ces erreurs ont été assez rares, et il est encore étonnant jusqu'à quel point de perfection la pratique peut conduire le coup-d'œil.

Picard emploie peu la charrue pour lever le terrain; cependant nous avons trouvé grand avantage à le faire, et son emploi avec celui du tombereau a souvent expédié l'ouvrage une fois plus vite que celui du fossoir et de la brouette.

Avec un même système d'irrigation qui forme un ensemble et qui ménage les pentes, il est possible d'arroser de grandes étendues, sans autres vannes que celles d'introduction; c'est un résultat qu'il faut s'efforcer d'atteindre, fût-ce par des travaux dispendieux de déblais et de remblais.

La construction des empellemens est dispendieuse; elle demande, fussent-ils en pierre, de fréquentes réparations; la moindre négligence sur une seule vanne compromet souvent l'irrigation de toute l'étendue; et puis il faut tenir les vannes plus ou moins levées, suivant la quantité d'eau qu'on veut donner à telle ou telle partie de la prairie, ce qui exige des soins et de l'intelligence, conditions difficiles à réunir. Dans un système d'irrigation bien conçu, les pentes sont réglées; on a donc peu de vannes, l'eau se distribue elle-même, et les plus légers soins suffisent pour sa bonne répartition.

Cette distribution régulière d'eau devient beaucoup plus facile quand on applique à un terrain des systèmes déterminés d'irrigation, que ce soit celui des rigoles horizontales ou des planches bombées; mais, dans l'un ou l'autre cas, et surtout dans le dernier, on est obligé à des déblais et remblais souvent considérables; et dans ce premier travail, il ne suffit pas d'arriver à un premier nivellement, on se trouve forcé, plus tard, à un remaniement par une double circonstance, l'affaissement des déblais d'une part, et, de l'autre, le gonflement de la surface déblayée; et il est nécessaire d'y avoir égard dans son premier travail.

L'affaissement ou le tassement du sol est proportionnel à la nature de la terre; plus fort dans les sols meubles qui contiennent de l'humus, dans les terrains forts qui s'émiettent en petites mottes sans s'ameublir, plus faible dans les terrains sablonneux toujours moins tassés que les argileux; il ne faut donc pas craindre de faire les remblais un peu plus forts avec les premiers qu'avec les seconds. Si l'on travaille par des intervalles de pluie, l'affaissement sera moins fort, parce que l'eau le produit déjà en partie.

Lorsque ces remblais se font avec des tombereaux attelés d'animaux, le tassement se fait par le mouvement des roues et le piétinement des hommes et des animaux; lorsqu'ils se font avec la brouette marchant surtout sur des roulages, l'affaissement devra être plus considérable; un temps sec est à-peu-près nécessaire pour les tombereaux; les brouettes avec des roulages en plateaux peuvent travailler aussitôt que la pluie cesse. Des ouvriers de la Haute-Auvergne, de la Marche et des lieux circonvoisins, viennent chaque année dans nos pays; leur occupation jadis se concentrait à faire et à réparer des chaussées d'étangs; aujourd'hui on les emploie à faire et à dresser des prés; ils ont importé de leur pays de grandes brouettes dont la charge se porte tout entière sur la roue; on amène le centre de gravité de la charge à cette direction, en donnant beaucoup d'étendue au derrière de la brouette, et l'inclinant sur la roue placée au-dessous du milieu à-peu-près de la face du fond de la brouette; lorsqu'elle est chargée, il suffit que l'homme soulève un peu le double manche pour que le centre de gravité de la marche se trouve reporté sur le point d'appui de la roue; par ce moyen, les bras de l'homme sont très-peu chargés, et il conduit une charge de 4 à 5 pieds cubes, 4 à 5 quintaux de terre, jusqu'à 200 mètres de distance; il se délasse en revenant à vide et en rechargeant sa brouette: un homme peut ainsi charger et conduire à 100 mètres, en sept ou huit voyages, un mètre cube par heure.

Nous venons de dire que la surface du terrain déblayé s'élevait, pendant que celle des déblais s'affaissait; nous dirons donc qu'il faut tenir un terrain dont on a enlevé une certaine épaisseur au-dessous de la pente générale, et ce ne serait pas trop que d'ôter un décimètre de terre de plus; l'enlèvement devrait être plus fort sur une terre argileuse tassée, et moindre sur un terrain sablonneux léger. On laisse cette épaisseur aux bords de la rigole pour que l'eau ne s'épanche pas sur les terrains plus bas, aux dépens de ceux qui restent dans le niveau général; on laboure le terrain après l'avoir abaissé, on l'ameublit, on le sème, on le fume s'il est possible, et au bout de peu d'années, au moyen de la gelée, des racines du gazon qui s'y établit, ce terrain arrive bientôt au niveau normal.

D'ailleurs, le niveau des prairies va sans cesse s'exhaussant; les générations de graminées qui durent deux, trois, quatre, cinq, six ans, au plus, laissent en se succédant leurs racines dans le sol; le limon s'y joint, et le terrain s'exhausse d'une manière sensible; ainsi avec de bonnes eaux, on voit les bords des rigoles former, au bout de peu d'années, des bourrelets sur le sol de la prairie comme au bord de la rivière; il faut donc, pour que l'irrigation puisse se continuer aux mêmes conditions, lever de temps en temps les bords des rigoles de distribution, des grandes surtout, sous peine de les voir privés d'eau. Pour cela, comme l'exhaussement a lieu en proportion de la proximité des bords de la rigole, on laboure ces bords sur une largeur de 3, 4, 5, 6 mètres, suivant la portée de l'exhaussement, et on lève une tranche sur deux, puis une sur trois, une sur quatre, cinq, six et successivement; on rabat le gazon qui reste, on l'écrase, et on raccorde au fossoir les bords du labour avec la partie inférieure non touchée. On conçoit que le procédé serait le même lorsque le terrain n'aurait point été assez abaissé.

Nous venons de remarquer que les bords d'une rigole, dans une prairie, sont les parties qui reçoivent le plus d'exhaussement, parce qu'elles retiennent la plus grande partie du limon; si, cependant, dans les parties arrosées, placées à distance des rigoles, il se trouve des places humides où l'eau n'arrive pas, on les voit grandir sensiblement chaque année, et par conséquent s'exhausser plus que les parties arrosées; cette anomalie s'explique en remarquant que, sur les parties arrosées, mais qui reçoivent peu de limon, l'eau aide à la décomposition des racines et débris des générations de graminées qui se succèdent; les parties de la prairie non humides, malgré leur végétation plus active et plus productive, décomposent en plus grande partie les débris des végétaux qu'elles nourrissent, pendant que les parties humides, quoique non arrosées, conservent ces débris en plus grande partie, en raison du principe acide qu'y développe l'humidité, principe qui ne peut se dissoudre dans les eaux d'irrigation puisqu'elles n'y arrivent pas.

Lorsque nous voulons abaisser un terrain gazonné de plus ou moins d'un décimètre, nous le labourons en entier avec la charrue Dombasle, à plus ou moins de profondeur; nous enlevons ensuite, au tombereau ou à la brouette, moitié, tiers, quart ou cinquième des tranches de labour, en proportion de la quantité de terre qu'on veut enlever; après cet enlèvement, on retourne les tranches qui restent; on les hache au tranchant de la pêle, de manière à leur faire couvrir la surface; par ce moyen, le terrain reste encore garni, et au printemps qui suit, ses débris se reprennent en un seul gazon; mais en attendant, il ne faut que leur envoyer la quantité d'eau nécessaire pour les humecter; un arrosement dont l'eau aurait quelque vitesse déchausse les plantes qui périssent si le printemps est sec.

On trouve encore, dans le labourage d'un sol gazonné et l'enlèvement d'une partie de ses tranches, l'avantage de modifier une pente, suivant qu'on le juge convenable; on enlève alors un nombre proportionnel de tranches, en raison de la pente qu'on veut donner; on conçoit qu'en enlevant une tranche sur deux, puis une sur trois, quatre ou cinq, on peut donner telle pente que l'on veut.

Ainsi, quand nous avons voulu augmenter la pente de nos ailes, nous les avons labourées, à l'exception des deux tranches qui touchent la rigole du sommet; nous avons ensuite, dans le bas, enlevé une tranche sur deux, puis une sur trois, et enfin une sur quatre; en retournant les tranches et écrasant les gazons, il a été ensuite facile de dresser le sol, qui a reçu ainsi un accroissement de pente égal à la moitié de l'épaisseur de la tranche.

Si l'on n'eût voulu augmenter la pente que d'un tiers d'épaisseur de tranche, le premier enlèvement eût été d'une tranche sur trois, puis d'une sur quatre et successivement.

Lorsqu'on doit lever un terrain de toute l'épaisseur de la couche végétale, il faut, autant que possible, en laisser une portion à sa surface ; autrement, ce n'est qu'avec abondance de bonnes eaux ou d'engrais qu'on vient à bout de rendre productive cette nouvelle couche ; il est essentiel aussi de labourer ce nouveau sol avant d'y semer la graine de foin, et plus utile encore d'y mettre de l'engrais, en attendant celui qu'y amèneront les eaux ; il faut encore, autant que possible, si la saison est sèche, y envoyer de temps en temps une petite quantité d'eau pour tenir le terrain frais et aider à l'occupation du sol par les jeunes plantes de semis.

Presque toujours on éprouve un mécompte lorsqu'on enlève la couche supérieure d'un terrain pour le mettre au niveau des eaux ; on arrive alors à une couche tassée qui, par les alternatives atmosphériques de sécheresse, d'humidité, de gelée, et par suite encore de la végétation et des racines qu'elle y établit, soulève très-sensiblement le sol au-dessus du niveau qu'on lui avait donné; il faut donc, suivant la nature du sol, en enlever de 5 à 10 centimètres de plus que le niveau arrêté; bien persuadé de cette nécessité, nous avons néanmoins presque toujours été obligé de revenir à enlever une nouvelle épaisseur de terre sur le terrain que nous avions déjà cru mettre audessous du niveau nécessaire.

Nous avons supprimé une partie de nos empellemens et de nos vannes, et plusieurs d'entre eux, s'ils n'existaient pas, ne seraient point établis; nous ne laissons subsister que ceux nécessaires.

Depuis quatre ans que nous employons la famille vosgienne, son chef a toujours été à la tête d'ateliers qui ont créé, agrandi et amélioré des prairies; les résultats du travail sont grands, et déjà les ouvriers du pays nous exécutent à la tâche des planches bombées; ils ont un avantage sur le chef vosgien parce qu'ils connaissent l'emploi du niveau, et qu'ils complètent cet emploi par un ancien usage du pays, qui est l'emploi des nivelettes ; ces nivelettes consistent en petits bâtons d'égale longueur, au sommet desquels on place de petites mires de papier; avec leur aide, deux points du niveau d'un terrain étant donnés, on peut niveler tout l'intervalle qui les sépare, et prolonger même indéfiniment la ligne du même niveau; ces nivelettes ont formé le coup-d'œil de nos ouvriers, et un petit nombre de points une fois déterminés, ils donnent facilement aux planches, ailes et rigoles, la pente nécessaire.

Nous ne pouvons reproduire ici toutes les directions que nous avons données dans un premier écrit pour l'exécution des deux systèmes de rigoles horizontales et de planches bombées; plus tard, si le temps nous est accordé, nous pourrons résumer tous les résultats de nos études et de notre expérience de quarante ans sur les irrigations, dans un travail général et d'ensemble, qui ne sera pas sans utilité dans un moment où l'emploi des eaux attire l'attention de tous les agriculteurs.

www.ingramcontent.com/pod-product-compliance
Lightning Source LLC
LaVergne TN
LVHW050504160826
845677LV00003B/936

* 9 7 8 2 3 2 9 6 5 3 7 5 4 *